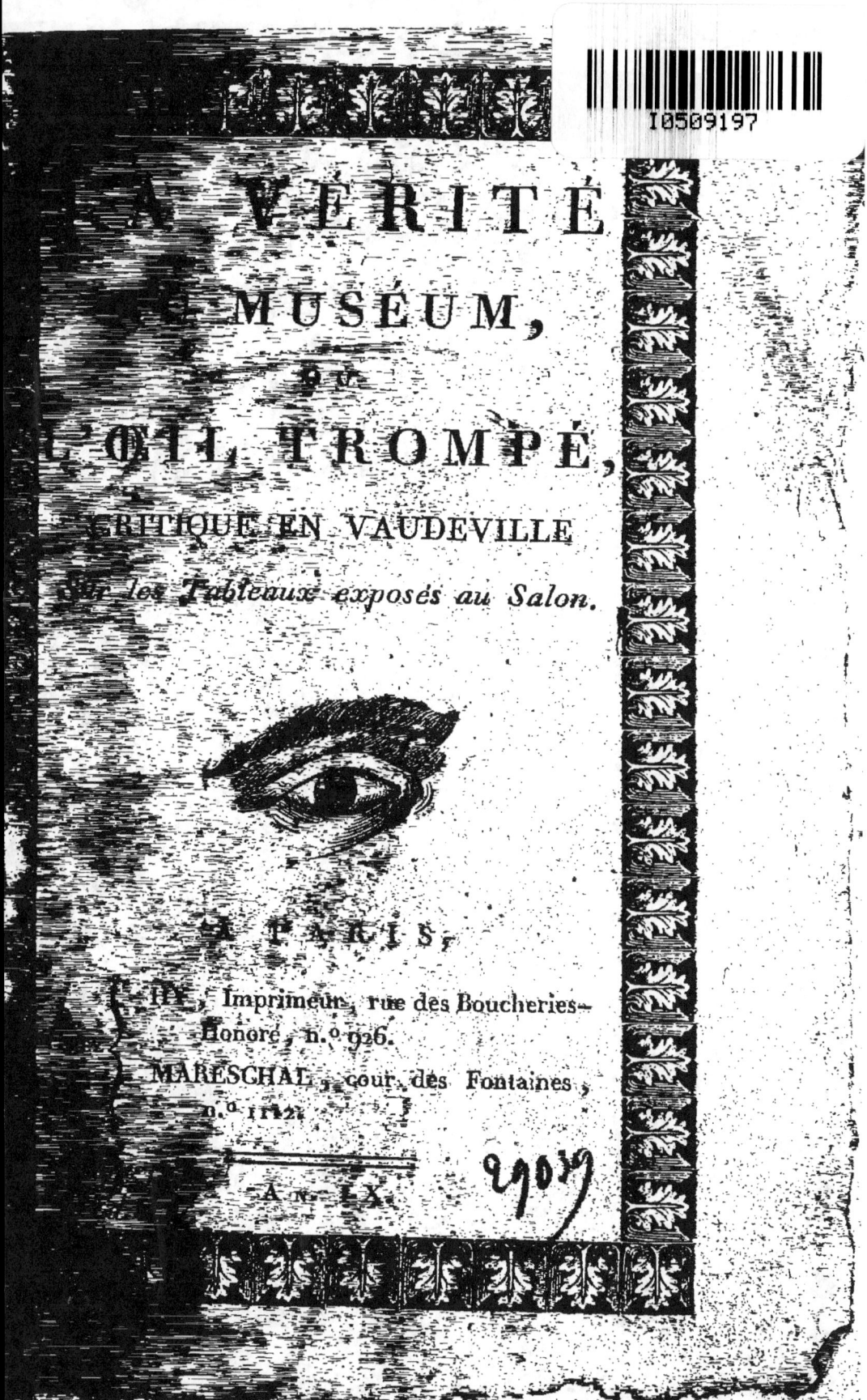

LA VÉRITÉ AU MUSÉUM, OU L'ŒIL TROMPÉ,

CRITIQUE EN VAUDEVILLE

Sur les Tableaux exposés au Salon.

A PARIS,

LE IV, Imprimeur, rue des Boucheries-
Honoré, n.° 926.

MARESCHAL, cour des Fontaines,
n.° 1142.

An IX.

LA VÉRITÉ

AU MUSÉUM,

OU

L'ŒIL TROMPÉ,

CRITIQUE

EN VAUDEVILLE

DES

TABLEAUX EXPOSÉS AU SALON.

LA VÉRITÉ

AU MUSÉUM,

ou

L'ŒIL TROMPÉ,

CRITIQUE

EN VAUDEVILLE

par

TABLEAUX EXPOSÉS AU SALON.

AVERTISSEMENT.

Air : *Paris est au Roi.*

Je vais du salon,
Dans cette chanson,
Vous faire à ma façon
La description ;
Mais on vous prévient
Qu'on ne dira rien,
D'un grand nombre d'objets
Plus ou moins mal faits.

Air : *Mt... Jocrisse de Barbarie.*

Ce sont les peintres de portraits
Et les paysagistes (1)
Qui dominent dans ce palais
Sur les autres artistes ;
Le grand genre est hors de saison,
La faridondaine, la faridondon.

___

(1) Il y a soixante-seize Peintures de Portraits et vingt-quatre de Paysages.

Et rien ne brille plus ici ;
Béribi,
Qu'à la façon de barbarie
Mon ami.

Air : *Robin turelure.*

On se trompe si l'on croit
Y voir de belles peintures ;
Mais en revanche on y voit
Turelure,
De manifiques bordures
Robin turelurelure.

Air : *C'est ce qui me désole.*

Parmi plus de trois-cents tableaux,
N'en voir que deux ou trois de beaux ;
C'est ce qui nous désole. *(bis.)*
Pour dissiper ce chagrin-là,
Nos grands maîtres sont près de-là ;
C'est ce qui nous console. *(bis.)*

Air : *On compterait les diamans.*

Messieurs les anciens professeurs
De la défunte academie,

A cet essaim de barbouilleurs
Ont abandonné la partie ;
Quant à D.. quant à R..
C'est une affaire de finance,
Pour voir ce qu'ils ont de nouveau,
A la porte on paie d'avance.

Air : *Du serin qui vous fait envie.*

Quand la mémoire nous retrace
Ce qui décorait ce salon,
Quand, de ce qu'on a mis en place,
On a fait la comparaison,
On peut facilement conclure
Que l'on n'aurait pas fait si mal,
Pour l'honneur de notre peinture,
De choisir un autre local.

LA VÉRITÉ
AU MUSÉUM,
ou
L'ŒIL TROMPÉ.

BINART, femme LENOIR.

N.º 32.

Portrait du citoyen Sage, Démonstrateur de Chimie à la Monnaie.

Ce Savant est placé trop bas dans ce tableau; ce qui le rend court et de mauvais effet.

On croirait que la toile a été coupée au milieu des jambes. Le portrait est d'ailleurs ressemblant, quoique d'un mauvais ton de couleur.

~~~~~~~~~~

BONVOISIN, élève de CALLET, DOYEN et VIEN.

N.º 42.

L'Homme délivré de l'esclavage.

Ce tableau offre trop de défauts pour en entreprendre la critique; et je crois que ses maîtres ne sont pas tentés de se disputer un pareille élève.

M.me CHAUDET.

N.º 90.

Un déjeûné d'enfant.

Jolie composition, belle couleur. Parmi les tableau de ce genre, un des plus agréables, et peut-être le meilleur, si la figure principale ne manquait pas d'expression.

M.me FAVART.

N.º 141.

Portrait de feu Favart, père.

J'ai connu assez particulièrement ce charmant Auteur, et je suis fâché de m'être mépris sur sa ressemblance.

GARNIER.

N.º 159.

La consternation de la famille de Priam, après la mort d'Hector.

C'est, de tous les tableaux d'histoire exposés au Salon, celui qui a le plus de droit à fixer l'attention du public. Il est généralement bien peint, et d'une belle composition. Il ranime l'espoir des gens de goût, en démontrant que l'art de la peinture n'est pas encore perdu en France, malgré les fureurs du vandalisme.

La seule négligence qu'on pourrait peut-être reprocher à cet Artiste, c'est de n'avoir pas assez caractérisé quelques personnages, et entre-autre Panthéus, prêtre d'Apollon.

GRANET, NOUVEL YOUNG.

N.° 172.

Trois intérieurs d'églises soutéraines.

Genre sombre qui ne sera pas imité. Le vernis dont cet Artiste couvre ses tableaux, leur donne un brillant qui en ôte tout l'effet.

> Loin que ce lugubre assemblage,
> Qui de la mort m'offre l'image,
> Me cause quelque déplaisir.
> Granet, je sais en faire usage;
> Je me dis, puisqu'il faut mourir,
> Il faut me hâter de jouir.

GREUZE.

N.° 173.

Air : *M. de Catinat.*

Tel brille au second rang, qui s'éclipse au premier.
Ainsi G.. autre fois se vit humilier,

Aux scènes de village ; il voua ses pinceaux,
Beaucoup d'étude fit, et fort peu de tableaux.

Air : M. le Prévôt des marchands.

Il en expose cependant,
Et le nombre en est assez grand;
Mais il n'ont plus cette harmonie,
Cette fraîcheur qui séduisait,
Et l'on croit que c'est la copie
De l'original que l'on voit.

Quoique cet ancien Artiste se vante d'avoir encore la main sûre, le pinceau aussi ferme, l'imagination aussi vive que dans la vigueur de son âge, et qu'il veuille enfin nous persuader que tous ses tableaux sont autant de poëmes; il nous permettra d'en douter, d'après les dix-huit morceaux qu'il vient d'exposer.

HENNEQUIN.

N.º 185.

Les remords d'Oreste.

Ce Peintre prouve, par le programme de son tableau, qu'il est aussi difficile de bien écrire que de bien peindre.

HUE.

N.º 191.

Vue de la Ville et du Port de Grandville.

Depuis longtems cet Artiste est avantageusement connu. Ses paysages sont d'un beau-faire, les sites bien choisis; et les différentes vues qu'il vient de mettre sous nos yeux ne démentent point la réputation qu'il s'est si justement acquise.

JULIEN.

N.º 215.

Titon et l'Aurore.

Ce tableau est à vendre. L'Auteur est mort.

LAFOND.

N.º 223.

Supplice de Sextus Lucinius.

Un coup-d'œil trop rapide sans doute, m'a empêché de découvrir le tableau de cet Artiste; peut-être aussi est-il un de ceux que les Bordures attendent; Bordures dont j'ai déjà fait l'éloge.

LAGRENÉE, le jeune.

N.os 224, 225 et 226.

Cet Artiste a quitté le grand genre, pour se renfermer dans un cercle plus étroit, et où il est plus facile de gagner de l'argent que de la réputation. Au reste il réussit parfaitement dans ce petit genre qu'il a adopté.

Quant au n.º 226, *Frise en marbre représentant deux Renommées.* J'observerai au citoyen Lagrenée qu'il se trompe, s'il croit être l'inventeur de cette sorte d'incrustation; elle fut connue et indiquée par M. de Caylus, savant antiquaire, et pratiquée par le citoyen Gibelin, un des Conservateur du Muséum - Français à Versailles.

M.me LAVILLE - LEROUX, femme BENOIT.

N.º 238.

Portrait d'une Négresse.

Air : *M. le Prévôt des marchands.*

Je ne sais si c'est un talent
De mettre du noir sur du blanc,
On le voit dans cette peinture;
Ce contraste blesse les yeux,
Plus il fait sortir la figure,
Plus le portrait paraît hideux.

MEYNIER.

N.º 267.

Polimnie, Muse qui préside à l'Éloquence.

Le citoyen Meynier fait bien de le dire, on ne le devinerait pas.

L'attitude de cette prétendue Polimnie est forcée. Elle parle ; à qui ? Ses doigts écartés, quoique cette manière soit adoptée par nos élégantes, n'en sont pas moins d'un mauvais goût. Les draperies sont bien, et je les crois copiées d'après quelque statue antique. En général le tableau est d'une belle couleur.

MONSIAU.

N.º 275.

Adonis partant pour la chasse.

La couleur de ce tableau est gris-de-lin. Les pieds de la Vénus sont plats et trop longs.

PEYRON.

N.º 305.

Un dessein, représentant la Séduction.

Air: *Non je ne ferai pas*, etc.

P. correct, mais froid, dans cette allégorie,
De la séduction crut tracer l'effigie ;
Cet œuvre se ressent de sa débilité,
Et l'on y trouve un air de mauvaise santé.

Ce dessein rassemble cependant deux qualités qu'on ne saurait disputer à cet artiste, et qui manquent à beaucoup d'autres, la correction et l'entente du clair obscur.

PEYTAVIN, élève de DAVID.

N.º 306.

Phryné, accusée d'un crime capital devant l'Aréopage.

Cet Artiste a cherché à imiter son maître; on trouve dans ce tableau quelque chose de sa manière. On voudrait y trouver également plus d'harmonie, moins de sécheresse, et une meilleur ordonnance.

SABLET.

N.º 328.

Deux Portraits.

Une composition de six figures.

Cette composition est froide; le paysage qui en fait le fond est d'un ton gris et sans dégradations; de sorte que les figures ressemblent assez à des découpures. Le citoyen Sablet s'est fait une manière originale qui jusqu'à présent n'a pas trouvé d'imitateurs. Un autre tableau, portrait en pied, dont le fond représente une marine, n'a point les défauts du premier; il est harmonieux et d'une belle couleur: il serait à desirer que le citoyen Sablet suivît constamment cette dernière manière.

VALENCIENNES.

N.º 359.

Plusieurs paysages. Vues d'Italie.

Les trois morceaux que cet Artiste vient de mettre au Salon, ne démentent en rien la réputation qu'il s'est acquise dans ce genre.

VANLOO.

N.º 369.

Plusieurs paysages.

Fils d'un Peintre célèbre, Vanloo, dans un genre inférieur à celui de son père, est demeuré au-dessous de HUE et de VALENCIENNES.

Tout dans ce monde dégénère,
Rarement les enfans ressemblent à leur père.
De la fortune on peut bien hérité,
Mais du génie, il n'y faut pas compter.

~~~~~~~~~~~~~~~~

Mme VINCENT, ci-devant GUIARD.

N.º 381.

Tableau. Portrait de Famille.

C'est, sans contredit, le meilleur dans ce genre qui soit exposé au Salon.

La composition en est grande; il est plein d'expression et d'harmonie. Je me fais un plaisir de croire que la ressemblance n'y manque pas.

VIEN, fils.

N.ᵒˢ 376, 378 et 379.

Plusieurs portraits.

Le portrait du citoyen Vien, fils, et de son épouse.

Ils sont ressemblant et d'une belle couleur; mais ce sont des portraits! On voit avec peine que le fils du Patriarche de la Peinture se soit destiné à ce genre, qui est à-peu-près le dernier. Sa manière de faire, son style, annoncent assez qu'il pouvait s'ouvrir une plus brillante carrière dans les arts, et ne pas marcher à une distance si grande de son père.

UN MOT SUR UN ARTICLE DE SCULPTURE.

STOUF.

N.º 450.

Statue en marbre de Michel Montagne.

Air : *Des fraises, des fraises.*

C'est Montagne qu'on voit là !
A le croire on a peine ;
Dans cette attitude là,
C'est plutôt un esclave à
La chaîne, la chaîne, la chaîne.

Tout est mal imaginé dans la statue de notre philosophe. Son attitude est pénible, sa nudité déplaît et choque les bienséances. Que Montagne ait dit qu'*il aimait à se voir nud, et que la coutume d'aller nud*, n'avait rien de contraire à *la nature*, il a dit une vérité, puisque les sauvages vont nuds. Mais chez les peuples civilisés, c'est toute autre chose, si notre sceptique pouvait revenir au monde, et qu'il se vit dépouillé de la sorte, il en serait honteux, et ne manquerait pas de dire : qui sont les fripons qui m'ont mis dans cet état ?

www.ingramcontent.com/pod-product-compliance
Lightning Source LLC
Chambersburg PA
CBHW050039230526
45470CB00003B/1347